Puzzle 1

2			9					
			4		3		2	
9	7			2				3
5	2			1	6			4
			7	4	2			1
		7					6	
4	8	3						2
7	9	1	3	4			5	
		2			1			

Puzzle 2

	4	6						
9	8					5	4	
7	2	1				4	6	3
3	6		5	9	1		7	
	5		7	6	8	2		
		9	4		2	1		6
4	1			2		5	6	9
		7		5			4	
		5		4				

Puzzle 3

						6		
	9	7						
3	8			9	6			1
5				1	8			
		3	4				2	
		2	8	9	1			5
		8						
		6		3		4		
	7			4				

Puzzle 4

			3			7		9
6	7						2	1
1	9					4		
			5	7	3	6		2
2		6	8				7	1
5		7			2		4	3
			2					
	6	2	4				5	7
3				1	7			4

Puzzle 5

		3		7		6		
5		9		3	1	4		7
	4							
8		1						2
	2		4			8		
	3	5		1	2			
			8	7	6	9		
			3	2				1
			7					

Puzzle 6

		3				1		
	5			1	4	2		6
	6	1		3			4	
3	9							
1			3				5	
6		4	1	7	5			9
7		2						3
	1	9	6			3	4	
8						2		

Puzzle 1

		2	9					
		7		8	5	2	1	
	5			1		4	8	
6		1	2		3			
8				5		6	4	2
5	2	4			9			
	6							5
7		3				9		
	9	5						1

Puzzle 2

	1	5					6	
2			1	8				
	9	7					1	
7	8	6			2			
			6	4		9		
3			8					
9	6		3		5			2
							8	1
1	7							

Puzzle 3

	5			3	2		1	4
	9					2	8	
	1		7	6	8		9	
9		8	5		1		6	
7			8		6	5		
	6				4		7	
5			1		7			
6	7						5	
2			6		9	1	3	

Puzzle 4

7	4	3						
6		5			9			
						2	7	6
9	1				4		2	
				2		9	1	
4		2	9		1	7		5
3						5		
2	5		6		7	4		
	9				3			

Puzzle 5

4	6		5					
5								
3	9				2		6	
9	7		8	5	1			
				3	7	9		
	1	3	4				8	
6			3	8	5	2		
			1				3	
	3				4	8		

Puzzle 6

1			7				4	
3			2	9	1			8
	2							
	1				7	8	6	
							3	5
4	8				5	2		
2			4		8			
9					2		8	5
	5	8	3		9		2	1

Puzzle 1

	7		3		6	2		5
2	3				1		7	
			9	2		3		
3			4					1
	1				9			
6	5				3			2
			6	5				7
		7				9		4
						8	5	

Puzzle 2

7			4		3			5
	5		6					
							1	8
4		7				1	9	3
		2			4			
					9			
	7					9	5	
5	3							
			7	2	5	3		6

Puzzle 3

		7	5	2				
					4			9
					9			3
1	7							5
5		9	3	1		8		
				5		3	9	
	1		6					
3	4							7
2				4		5		

Puzzle 4

		4		9		8		1
5			4					2
7	6		2	3		4		
	4							
							2	
		2			9		1	
8		1			2	7		
4				6	1			9
9				1		2		

Puzzle 5

5	1				9	4	7	
9				6	8		1	2
4		2	1	7				9
	9		8	2		7		
3			9	1				8
	2		5	4		3	9	1
7	4	9			1			5
	3	5			4	1	8	
		1	7				4	3

Puzzle 6

1	7	8					5	
5	6			2			4	8
				6				
3		6	7	5			8	
8							1	
			4	8	6		2	
6				7				
	8					1		
9		2	8		5	7	6	

Puzzle 1

	2		4					8
		7			3			
		1	2	5	9			7
6					7	2		
	7	2		1				
			5	8				
			6	3			7	9
				8	1			
	6	9					4	

Puzzle 2

	5	6			1			3
			6					7
		3				5		
			2			6	1	
	6		9				4	
	4				7	5	9	2
4		8						1
		2			3			
5	3					2		4

Puzzle 3

	4			6				
7	6							
	1		7	3	2			
		6	5	7			9	4
			8		6		7	
			1	9	3			
	3	8			7			
5		1		2			8	
	2		9	8		7	3	

Puzzle 4

		3	9			6	1	8
		6		7		5		
	4			1	6	7		
2			1	9	4		8	
3		4	6		2		7	5
9	6	8			3		4	2
			5		1	8		3
5	3	2						1
	8			3				

Puzzle 5

7	3				6			
	9		7		4			5
			5		3		1	
	4					9		
	6				5			
1				2				
	1		3		2		4	
5			6	4	7			
3						2	6	

Puzzle 6

2	5		3				4	9
	9	8		4			5	3
4			5	9	1			8
9			1	6	8			
3			7			8		
		7		3				6
6				1	9			2
							6	
				5	2	4		7

Puzzle 1

			8		4			
	7		6			9		
		2		7				5
7	8	6		3				2
			9			1		3
1			2		8			7
				4				9
		4				2		
5					6			

Puzzle 2

		6			3	4		1
	8				1	2		
	3				4	5	8	
	5		1					
6	3		9					8
	8		4					7
	1	2	8				4	
	7	1				6		
	9			7	8			5

Puzzle 3

9						5		3
2			5	9	1		8	
4		5	7			2		
			3					
				4			2	7
			2	5	3			
3	2			6		4		5
				9	8			
		6	4	5	2			1

Puzzle 4

8					6			7
					7	1		
	9		3		2			
			2			9		
	5	3		4	9		1	
		9			1		2	5
						2		9
6				7		5		
		7			3		4	1

Puzzle 5

3	2		8			5		
	8	4	6	9		1	2	3
	5	1	4					
1	7	3						9
8	4					3		2
								8
			8			3		
9			3	7				5
5	3		9		6			

Puzzle 6

	5	2		4	3	6		8
9		4				2		
		7		9				
	4				8		1	
7			3				4	
6		5		1				
4	7	6		8			3	
	1	9						
3			5		1			

Puzzle 1

					4			9
4	6			3			1	
		9	5	6		3		
9		2		5				3
	3	4	7					5
5	8	7					2	6
8		6				5		
		1					9	4
3	4	5			9			8

Puzzle 2

		8						7
3		1						
			2		5			
5			7			3	6	
2			6		8	5		4
	9		4	5	3		7	2
			1					
	1						4	
9	4			8		2		3

Puzzle 3

3	9							
		7	1		2			
8	2			7	6		5	
		8		6	5		3	1
	5		4	8	1	9		
					9			
1				5				
	7		8					5
6		5	2		7	3		

Puzzle 4

		8	5					1
9		1	6		3			
7		6		2	1	8	9	
8		5				4	2	
	3							8
	6				8			
			8			9	3	
4								
			9	4				6

Puzzle 5

	5	4	8			2		7
		8			5		1	6
						4		
	3	5		2	1	7		
6	9				3	4	2	
				9	7	5		8
	7	3		6			8	
	8		3		9	6		
		6		5		1	7	

Puzzle 6

		3	7		5		4	
	9					1		
	1		9	6				
		5	6	2	7	4		3
4	3						8	
				4				
	7	8	1			6		
2								7
9			3	7			1	

Puzzle 1

	4					3	5	
		2				1		9
	9	1		2				
7	3		1		8			
4		8	7			9		
1					5		8	
								5
	8	5	2	7	9		3	1
2	1		5		3			7

Puzzle 2

3	6	1						
			8	6	5	1		
		8	3					
		6	9		7		8	
				2				4
8			6		4			
2	5						4	
	8	4		5	6			
6				4		8		7

Puzzle 3

	1	9			7			
			1	9			3	2
	6				7			
			1				7	4
			5	7				9
8								5
3					1	5		
			2			4		
	5	4				9		6

Puzzle 4

2	4				1	8	9	
	1	6	8			2		
9			6	2			7	1
				6		9		4
		9				3		7
4		7	9		3	1	2	
5	7	1				6		
3		4				5		9
6	9	2	5	1	8			

Puzzle 5

				8	4		1	3
		1						
		4			3			7
			6	5				
6	7							4
	3	9				2		
2					9			6
				1			9	
				6			3	5

Puzzle 6

			5			6		
6		9				5	8	2
4		2		6		1		7
		1	2		9	3		8
				7				
8	9				1			
7	4		1		2			
			7					9
9	2				5	7		1

Puzzle 1

8				9	6	3		
				2				
9			7					2
	9							3
	2		8	3	5	4		
	6		9	7				
3			5					
	7						5	
2		9	1	6	7			

Puzzle 2

5	7			8	1			9
	9			4			6	
	4	6		9	3			7
	6	3		7		2		
9	5	7						
1	2							
2	3				8		4	
7				6	4		8	2
			9	1				3

Puzzle 3

	3					7		
1		8	9			2		6
5						3		
	1	5	7			6		
8			1	9		5		
2	9				8	1		
					6	9		
	4	9		7	5			3
					9	4	6	

Puzzle 4

	2							
9	5	4						3
1					4			
		2		9		7		
7				1		4		5
		6	2	3	7			9
2	7					3		
			3				1	
	8		7			6	9	

Puzzle 5

5				4				1
6	4			9			8	2
		1		5				7
				4	3	9		
		6						
			5			7		4
1	2					6		
		4			7			
	3		8					9

Puzzle 6

5	2		7					
		9				8		
7		1	2	3				
1	4		3	5				9
2			4		1			
9			6				1	5
8	9	5	1	6			4	
6			9			5	8	
			8					2

Puzzle 1

	1	4	8	3				9
	6		5	7				2
	8				9		5	3
	9							
	2	5			3			
		8		2				7
3		1		6				
			1		7		4	
			3		4		2	

Puzzle 2

	7	1	9	6	3	4		
	3	4	5			8	9	7
5	9	6				7	8	
	1			7	6	2		8
	2							7
6	8				4			5
			7	8	2		3	
		2		3	1		8	
3		8	6	5				1

Puzzle 3

	9	6			1	4	5	8
				5				6
5	3		6					2
	1	5			6	4		
	7		5	1	6			9
	6	2			4			5
3	8		4		2	7	6	
6	4		7	9		5	2	
2	5			6		8		

Puzzle 4

4		1			6		9	
		3		4			8	7
			5					6
3		5			4		7	
			3		8			
	8	4	7	6		5		
5			6		3			2
	3			2		7	5	
7		2						4

Puzzle 5

		2	1	3				5
5				4		3	2	7
7	3	8				6	1	4
	5	9		7				8
		3						6
	2		3		6			
	7	6		8				3
		5	4		3	7	8	
3		4	7			9		1

Puzzle 6

	4						6	
		2						7
			2		9			
	5	1						8
6			4	8				
	9			7		6	4	
		6			2		8	
8		4				9		
		3		4		2	1	

Puzzle 1

	2		4					
	7				2			
						6	2	
7			8					4
	8		3			1		
2				7		9		
			8		4	3		
5		7	1	3			4	
	3						7	

Puzzle 2

2							3	8
	5				2			
		8	6	9	3		5	
		4	8	1		2		
		6						7
5	9			3				
			5					
6			7	2	8			9
								1

Puzzle 3

	6		3			1		
		7	1				3	4
	1	9	4			8		
		8		5		9	1	3
9		2			6			
			9	8		2	7	6
2			5					
	8	5		7		3		
7	4			3	9			

Puzzle 4

			1	7				6
4	7	8					3	2
		3		9	8	7		
								3
3				8		4	9	1
9				6		5		7
	1			3		6		8
2		5						
8			6			1		

Puzzle 5

		3	7	8	5			2
	8	9			4		1	5
	5	7		6	8			
		5		2	6			7
	7			9		3		
	3	2		7	1			4
			2	5				6
3	2	5	6	7				9
	6			4	3			

Puzzle 6

			9					4
3	7	1	2				8	9
	6		1	3				
4		2		8	1	3	6	7
	3	7					9	
						4		
8					4		5	
			6			9		
6	2	5						

Puzzle 1

		3	5	1	9	2	7	4
7		1	3		8			
9	5		7		6		8	
4			8		5	9		
					7			
			1	3	2		6	7
		7				2		
2	9			7	1			

Puzzle 2

			4				2	
6								9
			2	1	6	4		7
			6	2	9		5	4
		3	1					
								2
				3		7		6
	7	8			1		4	
	6		9		4			

Puzzle 3

		6				8		
4	7						1	5
	2	8			9		6	
1						6		8
7					8			
2				6				3
		1		9	4	7		6
6	3		8		7		4	
	4		5					

Puzzle 4

		1	6					2
6					9	1		
7	3			4		6	9	
		5					2	
			6	2	9			
	2					7		6
					5			
	7		3		8			
			2			4		8

Puzzle 5

1					5	4		
	8		9					
			6					
	3		5			2		
		1						
	7	2		1	8			4
		3	1	9		5	7	6
	1							
		4	7	6				3

Puzzle 6

7					5	4	9	
5		4			3		7	
9	6	8	4				3	
1	9			8				
	8			7		5		9
6					1	3		
8	1	6		4		9		
	7	9			8	1		2

Puzzle 1

	1	7				5		
2		4		5		7		9
3	5				7		8	
						8		
				3			2	
		1		7			4	3
8		6	4					2
9					3	4		
		2		8				

Puzzle 2

5			4		8	9		3
							6	
						4		1
	2		1	6		8		5
	9				4			
			9		2			4
		1	8		5	2	4	
	4	3		7				
9	5		2		1			

Puzzle 3

				5				
	4			6	9	2	1	
			1			7	9	
		4	9				7	
1			5	2	4		3	
								1
9	2	3						
	1		7	8			4	3

Puzzle 4

				2				1
		1					3	4
9	3						7	
							8	
	7	9		6			5	2
	6	3		8				
	5	4	6			3		8
				3	4	5	1	
3					8			

Puzzle 5

5		1	8		7	3		
	2	9			1	6	7	
		7		9		8		
			2	8				
2	9					4	6	5
6	4			5			9	2
	8					1		
9							8	

Puzzle 6

7		1	8	5	3			6
	3		1					
	4				6			
		2			7	5		1
				1				
6			5	9			7	
	7	9	3	2			4	
	2		4					3

Puzzle 1

		4	9	3		5	7	2
		9	1		5	6		
				7	8		9	
		5						7
1		7			2	8		9
4		8					1	
7			3				2	
9			5				6	4
5		1	2	6				3

Puzzle 2

				1	4			
	9	7						8
	5						1	3
	3		5					7
		8	3		9		2	5
2				1	8			
	8		7	5				2
				6			7	
7		4		9				

Puzzle 3

7		8	5					3
			1		7			
2	1			6		5		
3	8	6	9				2	
	2	7			4	8		
								5
4	5				2	8		
		2		1				
	7	9		8				

Puzzle 4

3		5		7	2			
		2	6			3		4
	8							
			8					2
		1						9
					1		5	7
9		3	2		6			8
6			4	8		2		
		8						6

Puzzle 5

				1		6		
		3		7		1		
			9					4
				8				
	6	8	1	2	5	4		
	5	9		4			8	
5		7						
2	3	4				7		
							5	1

Puzzle 6

	1		9	6		7		
9					5			
		6		7			1	
		8						3
3								7
	5	1		4		2	6	
	3	4	5			9		
			6	9	2			
	6	9						5

Puzzle 1

	7	3						
	8		3				2	
4			7	1	9			
	1	7			3		6	8
	4			9				
					8			
							8	
9	3			7			4	
			5	6			1	9

Puzzle 2

8	2		1	3				
				5	6	2		
7	5		8			6		
3	8		2	4			6	7
2			9		3			
	6	9		8		3		4
		8	3		4			
4		2		1	8		3	
								1

Puzzle 3

	4	9			1			
		3	2				5	
7				6				
			1			6	3	
	8	6	7					
				9			1	7
4			9	3			8	
9	7		8				6	
	3				7	5	9	

Puzzle 4

1			7					
				8	3	5		2
	9			5	6			
				8	1			9
4	2						8	
5						7		
							6	9
		4				6		3
		7				8		

Puzzle 5

7			8	5	6			
6			4					
	2		9					8
		6						1
	4			2		6		9
		8	6	3				
				4			7	
					9	8		3
3	7						9	

Puzzle 6

	5	8		3	6			
			5			6		
							9	
6	4			2		9		
			6	7			1	
7	1				8			
5		6				3		2
9			8		3	7	6	
3				4				

Puzzle 1

9	6		2	4	5			
	2				1			9
	1		7	9	3		8	
						9		8
					4	7		1
3	5		9				6	
5		7	1					
						8	2	
	9		4	3		1		

Puzzle 2

			5			1	6	3
1			7			8	4	5
		5			7			
	9	1	4	3		6		
				6		3	5	
			2					6
2		8	3	7	9		1	
5	4			1				7

Puzzle 3

8		2	6			5	3	
	6					7	8	2
5				8	7	1		9
7				2	4			
		4	1			2	9	
1		6		5				
2				9		4		
4	5			6	8	9		1
	1				2	3		

Puzzle 4

							2	
6	1		4			2	3	
							9	
	6		8			9		5
	3			4	7	6		
		9		5	3	7		
7	9						6	5
3					6			
	4	6	1					2

Puzzle 5

			6			2		1
		4		8				6
				7		4		
		9	8				6	5
	5		9		4			3
		7		2		8		4
8								
7		3		9			1	2
	9					6		

Puzzle 6

7			4			2	8	
						7		
					7		1	5
						4		7
	5	3	9	7	2	8	6	1
8					5			3
		2	7			1		
	4		2				7	8
3		7			1			

Grid 1

6				9				3
1	3	8	4		5	7		
2		4			6			
	8						3	5
		1				8	7	
9	5			3			4	
			6				1	8
	1			8	3		9	2

Grid 2

		8		2				4
							5	1
	2		3		6			
	5		2		8			
9		1		4				6
2	8		1					7
6			8					
						9		
		7	9			1		8

Grid 3

	8		1		6			
		9	5					
2	6	5		4				1
				8		5	6	
	5		2	1	4		7	
						8	2	
	7	4		2				5
8	2					9		
	3			8				

Grid 4

	7		1			8		
	2	5						
6		9			4			2
			9		6		8	
	9		8					1
8			4			9	7	
						7		
								6
5		3					2	9

Grid 5

6		8		7		4		
7	5			4		2	6	
	4		6			1		
			3			2		
5			4					7
9								
			9		6	4		
	2	4	8			3		
			5		8			

Grid 6

		5	2	6	4	1		9
		4	9			2		8
	6		8		9			
4		1	7		3			2
			1		6	5	9	7
1	4	8						
3	7						2	
2			3	7				1

Puzzle 1

		3	4		1		8	7
			2	9	1			
		4			8			
5				7			6	
	4	6	8			9	7	
7	3			9	6			5
			9	8		4	5	6
6	8	9		4				
	5	2			7	3		

Puzzle 2

4	8			3		7		9
9	2	3	6	1				
					8			
		1		8				
5				2		3		7
		4				5		1
		7	3	6				
					2			4
3					4			

Puzzle 3

7			5					
				9				2
			7			1	9	5
		5	4					
2			9	3	5		1	
4		3			8	9		
			8			3		
	9			5		2		1
			1	2			6	9

Puzzle 4

9		6			3	7		
1	8							
		3		6	5			
				8				
		4	1				7	
5				7		4		
7		2	6	5			3	
6				9				
8		5		3		1	4	

Puzzle 5

				8	9			6
6	2			5				8
						5	3	
4		8		7		1		
			1			3		4
3							7	9
	7		9			4		
	5			4				
			2		1			

Puzzle 6

			6	7				2
7			8		2	3	6	
3	2							
2	7		9	3	8	5	4	
8		9			4		2	
9						5		3
				2		9		
1	4							

Puzzle 1

9						6		
				4	3			
6		3					8	
		6			1			2
4						3	1	
5		9	4		2	8		7
	3	4	5	7				
	9	5		8		3	7	6
		7	3			2		

Puzzle 2

		5					4	
	1					6	2	9
4	9			7	8			
5	2		4		7			
		9					6	
3	6				2	4		1
	8	4			9			
6			1	5		2		
		2		8				

Puzzle 3

	4				1	3		6
		9	4	3		7		
1				7		8		
		8		5			6	
6			1	9	4		5	
				8	1			9
4		7				9		
			8					1
		1				7	8	

Puzzle 4

				5				
7			9			4		8
			1		6	7	2	
		7	6				4	2
				3		9		
5			4		1	8		7
					4			1
		2	8					
		6						

Puzzle 5

	3						2	
	2	4	1	3	8			7
			6	2			3	1
		9				7	1	5
3				6				
	1	8		9				4
1		6		4	9		7	
9			2					8
4						5	9	

Puzzle 6

8	2					1		
			8		3		4	2
4			6		1		7	3
						4		
9	4			3		2	8	5
	7	8		1			3	6
3		5			4		9	
					8	3		
2								1

Puzzle 1

2	5			3		7		1
8		1			6	9		2
4		9	7		2	5	6	
	2			6	8		7	9
			1			8		
1		3		7		6	2	
		8	4				1	7
		2		8	7	4	9	
			2	9	1		8	6

Puzzle 2

9	8					1	4	
		1					7	
6		7	1					3
1			3		7		8	
	5	9				2		
7			2					
	1					8		
		2	9	5		3	1	
		3			4		2	

Puzzle 3

	5			9		3	2	
	8	1		5	2			7
			1					8
8		4						
3		6			5		8	4
			4	8			9	
9			7	3		6	1	
							3	5
						1	8	

Puzzle 4

			5			8		
	8	1	2	4				
5	4	2			6	1		
	5			8				
					9		5	
						9	6	8
								2
			1	2	7			5
	1	3		5	8	7		9

Puzzle 5

		5					8	1
			7		2			4
	8	1						
				7				3
	2			6	4			
		7	8	3		5		9
	5		3			9		
							3	2
3				2		6		

Puzzle 6

		5		9		1	2	6
3					8	5		
6				5	1	7		
8		3	7					
5		2					4	8
1			8	2		9	5	
			9				7	5
		6		1				

Puzzle 1

	5		6	1	7			2
3						6	4	
						2	8	1
				1	9			6
		9	8					1
		6	5		4	2		
			4			5	6	
	9	4	1		6			
			3					4

Puzzle 2

		8				5	9	
1								3
			5			2		4
					2			
	2			7		9		6
7	3		9			1		
		1						8
6	8	3	4				1	2
				3	8			

Puzzle 3

	7		2					
			6			2		1
9	2						8	4
	6					9		
7	8					5		
2				3		6	8	
1		7		5			4	6
8		4	9			7		

Puzzle 4

		9				3		
3	4		1	6		7		
	7		9			2	6	
			7			1		
	3	6		1		9	7	
4			5			8		9
		3						5
			9	2		4	3	

Puzzle 5

3	2					1	4	
				7		5	9	2
			1		2			
5					6			
			8		5	2		
	6	1		3	9		7	5
9						3	5	
		2		7				6
6	3							9

Puzzle 6

						9		8
	5		1			3		
			2	7	9		1	
	8	6		5				3
				2	9		5	
		9		1	3	6	4	
4			9		6	7	3	
1		3	2		5	4		
		8				2		

Solutions

Grid 1

2	3	4	9	6	7	1	8	5
8	1	6	4	5	3	9	2	7
9	7	5	1	2	8	6	4	3
5	2	9	8	1	6	3	7	4
3	6	8	5	7	4	2	9	1
1	4	7	2	3	9	5	6	8
4	8	3	6	9	5	7	1	2
7	9	1	3	4	2	8	5	6
6	5	2	7	8	1	4	3	9

Grid 2

5	4	6	2	1	3	9	8	7
9	8	3	6	7	5	4	2	1
7	2	1	9	8	4	6	3	5
3	6	2	5	9	1	8	7	4
1	5	4	7	6	8	2	9	3
8	7	9	4	3	2	1	5	6
4	1	8	3	2	7	5	6	9
2	9	7	1	5	6	3	4	8
6	3	5	8	4	9	7	1	2

Grid 3

1	2	4	5	3	7	6	8	9
6	9	7	1	4	8	3	5	2
3	8	5	2	9	6	4	7	1
5	6	9	7	2	1	8	3	4
8	1	3	4	6	5	9	2	7
7	4	2	3	8	9	1	6	5
4	3	8	9	5	2	7	1	6
9	5	1	6	7	3	2	4	8
2	7	6	8	1	4	5	9	3

Grid 4

4	2	8	3	5	1	7	6	9
6	7	3	9	4	8	2	1	5
1	9	5	7	2	6	4	3	8
9	1	4	5	7	3	6	8	2
2	3	6	8	9	4	5	7	1
5	8	7	1	6	2	9	4	3
7	4	1	2	8	5	3	9	6
8	6	2	4	3	9	1	5	7
3	5	9	6	1	7	8	2	4

Grid 5

2	1	3	5	7	4	6	9	8
5	8	9	6	3	1	4	2	7
6	4	7	2	8	9	3	1	5
8	7	1	9	6	3	5	4	2
9	2	6	4	5	7	1	8	3
4	3	5	8	1	2	9	7	6
3	5	2	1	4	8	7	6	9
7	9	4	3	2	6	8	5	1
1	6	8	7	9	5	2	3	4

Grid 6

4	8	3	2	9	6	1	7	5
9	5	7	8	1	4	2	3	6
2	6	1	5	3	7	9	4	8
3	9	5	4	6	8	7	1	2
1	7	8	3	2	9	6	5	4
6	2	4	1	7	5	3	8	9
7	4	2	9	5	1	8	6	3
5	1	9	6	8	3	4	2	7
8	3	6	7	4	2	5	9	1

Grid 1

1	8	2	9	3	4	7	5	6
9	4	7	6	8	5	2	1	3
3	5	6	7	1	2	4	8	9
6	7	1	2	4	3	5	9	8
8	3	9	1	5	7	6	4	2
5	2	4	8	6	9	1	3	7
2	6	8	4	9	1	3	7	5
7	1	3	5	2	8	9	6	4
4	9	5	3	7	6	8	2	1

Grid 2

8	1	5	7	9	3	2	6	4
2	3	4	1	8	6	5	9	7
6	9	7	5	2	4	8	1	3
7	8	6	9	3	2	1	4	5
5	2	1	6	4	7	9	3	8
3	4	9	8	5	1	7	2	6
9	6	8	3	1	5	4	7	2
4	5	3	2	7	9	6	8	1
1	7	2	4	6	8	3	5	9

Grid 3

8	5	6	9	3	2	7	1	4
3	9	7	4	1	5	2	8	6
4	1	2	7	6	8	3	9	5
9	2	8	5	7	1	4	6	3
7	4	3	8	9	6	5	2	1
1	6	5	3	2	4	8	7	9
5	3	9	1	8	7	6	4	2
6	7	1	2	4	3	9	5	8
2	8	4	6	5	9	1	3	7

Grid 4

7	4	3	2	1	6	8	5	9
6	2	5	8	7	9	3	4	1
1	8	9	4	3	5	2	7	6
9	1	8	7	5	4	6	2	3
5	7	6	3	2	8	9	1	4
4	3	2	9	6	1	7	8	5
3	6	4	1	8	2	5	9	7
2	5	1	6	9	7	4	3	8
8	9	7	5	4	3	1	6	2

Grid 5

4	6	1	5	3	8	9	7	2
5	2	7	9	1	6	3	4	8
3	9	8	7	4	2	1	6	5
9	7	6	8	5	1	4	2	3
8	5	4	2	6	3	7	9	1
2	1	3	4	9	7	5	8	6
6	4	9	3	8	5	2	1	7
7	8	5	1	2	9	6	3	4
1	3	2	6	7	4	8	5	9

Grid 6

1	9	6	7	8	3	5	4	2
3	4	5	2	9	1	6	7	8
8	2	7	5	4	6	1	9	3
5	1	3	9	2	7	8	6	4
7	6	2	8	1	4	3	5	9
4	8	9	6	3	5	2	1	7
2	7	1	4	5	8	9	3	6
9	3	4	1	6	2	7	8	5
6	5	8	3	7	9	4	2	1

Grid 1

9	7	1	3	4	6	2	8	5
2	3	6	5	8	1	4	7	9
8	4	5	9	2	7	3	1	6
3	2	8	4	7	5	6	9	1
7	1	4	2	6	9	5	3	8
6	5	9	8	1	3	7	4	2
4	9	3	6	5	8	1	2	7
5	8	7	1	3	2	9	6	4
1	6	2	7	9	4	8	5	3

Grid 2

7	9	4	8	3	1	6	2	5
8	5	1	6	4	2	7	3	9
6	2	3	5	9	7	4	1	8
4	8	7	2	5	6	1	9	3
9	1	2	3	8	4	5	6	7
3	6	5	1	7	9	8	4	2
2	7	8	4	6	3	9	5	1
5	3	6	9	1	8	2	7	4
1	4	9	7	2	5	3	8	6

Grid 3

9	8	7	5	2	3	4	1	6
6	3	1	8	7	4	2	5	9
4	5	2	1	6	9	7	8	3
1	7	3	4	9	8	6	2	5
5	2	9	3	1	6	8	7	4
8	6	4	2	5	7	3	9	1
7	1	8	6	3	5	9	4	2
3	4	5	9	8	2	1	6	7
2	9	6	7	4	1	5	3	8

Grid 4

2	3	4	5	9	7	8	6	1
5	1	9	4	6	8	3	7	2
7	6	8	2	3	1	4	9	5
1	4	5	6	2	3	9	8	7
6	9	7	1	8	4	5	2	3
3	8	2	7	5	9	6	1	4
8	5	1	9	4	2	7	3	6
4	2	3	8	7	6	1	5	9
9	7	6	3	1	5	2	4	8

Grid 5

5	1	8	2	3	9	4	7	6
9	7	3	4	6	8	5	1	2
4	6	2	1	7	5	8	3	9
1	9	6	8	2	3	7	5	4
3	5	4	9	1	7	6	2	8
8	2	7	5	4	6	3	9	1
7	4	9	3	8	1	2	6	5
2	3	5	6	9	4	1	8	7
6	8	1	7	5	2	9	4	3

Grid 6

1	7	8	9	4	3	2	5	6
5	6	3	1	2	7	9	4	8
2	4	9	5	6	8	3	7	1
3	2	6	7	5	1	4	8	9
8	5	4	2	3	9	6	1	7
7	9	1	4	8	6	5	2	3
6	1	5	3	7	4	8	9	2
4	8	7	6	9	2	1	3	5
9	3	2	8	1	5	7	6	4

3	2	6	4	7	1	9	5	8
9	5	7	8	6	3	4	1	2
8	4	1	2	5	9	6	3	7
6	8	5	3	4	7	2	9	1
4	7	2	9	1	6	3	8	5
1	9	3	5	8	2	7	6	4
2	1	8	6	3	4	5	7	9
5	3	4	7	9	8	1	2	6
7	6	9	1	2	5	8	4	3

7	5	6	8	1	2	4	3	9
1	2	4	6	3	9	8	7	5
9	8	3	4	7	5	1	2	6
3	7	9	2	5	4	6	1	8
2	6	5	9	8	1	7	4	3
8	4	1	3	6	7	5	9	2
4	9	8	7	2	6	3	5	1
6	1	2	5	4	3	9	8	7
5	3	7	1	9	8	2	6	4

3	4	5	1	6	8	9	2	7
7	6	2	4	9	5	8	1	3
8	1	9	7	3	2	4	5	6
1	8	6	5	7	3	2	9	4
2	9	3	8	4	6	5	7	1
4	5	7	2	1	9	3	6	8
9	3	8	6	5	7	1	4	2
5	7	1	3	2	4	6	8	9
6	2	4	9	8	1	7	3	5

7	2	3	9	4	5	6	1	8
1	9	6	2	7	8	5	3	4
8	4	5	3	1	6	7	2	9
2	5	7	1	9	4	3	8	6
3	1	4	6	8	2	9	7	5
9	6	8	7	5	3	1	4	2
4	7	9	5	2	1	8	6	3
5	3	2	8	6	7	4	9	1
6	8	1	4	3	9	2	5	7

7	3	5	2	1	8	6	9	4
2	9	1	7	6	4	3	8	5
4	8	6	5	9	3	7	1	2
8	4	2	1	7	6	9	5	3
9	6	7	4	3	5	8	2	1
1	5	3	8	2	9	4	7	6
6	1	9	3	8	2	5	4	7
5	2	8	6	4	7	1	3	9
3	7	4	9	5	1	2	6	8

2	5	1	3	8	7	6	4	9
7	9	8	2	4	6	1	5	3
4	6	3	5	9	1	7	2	8
9	4	2	1	6	8	3	7	5
3	1	6	7	2	5	8	9	4
5	8	7	9	3	4	2	1	6
6	7	4	8	1	9	5	3	2
8	2	5	4	7	3	9	6	1
1	3	9	6	5	2	4	8	7

Grid 1

9	5	3	8	1	4	2	7	6
8	7	1	6	2	5	9	3	4
4	6	2	3	7	9	8	1	5
7	8	6	4	3	1	5	9	2
2	4	5	9	6	7	1	8	3
1	3	9	2	5	8	4	6	7
3	1	8	7	4	2	6	5	9
6	9	4	5	8	3	7	2	1
5	2	7	1	9	6	3	4	8

Grid 2

5	7	6	8	2	3	4	9	1
9	8	4	5	6	1	2	7	3
1	3	2	9	7	4	5	8	6
7	9	5	6	1	8	3	2	4
4	6	3	7	9	2	1	5	8
2	1	8	3	4	5	9	6	7
3	5	1	2	8	6	7	4	9
8	4	7	1	5	9	6	3	2
6	2	9	4	3	7	8	1	5

Grid 3

9	8	1	2	4	6	5	7	3
2	7	3	5	9	1	6	8	4
4	6	5	7	8	3	2	1	9
6	4	2	9	3	7	1	5	8
5	3	8	6	1	4	9	2	7
7	1	9	8	2	5	3	4	6
3	2	7	1	6	8	4	9	5
1	5	4	3	7	9	8	6	2
8	9	6	4	5	2	7	3	1

Grid 4

8	2	4	1	9	6	3	5	7
5	3	6	4	8	7	1	9	2
7	9	1	3	5	2	4	6	8
1	7	8	2	6	5	9	3	4
2	5	3	8	4	9	7	1	6
4	6	9	7	3	1	8	2	5
3	4	5	6	1	8	2	7	9
6	1	2	9	7	4	5	8	3
9	8	7	5	2	3	6	4	1

Grid 5

3	2	9	8	1	7	5	6	4
7	8	4	6	9	5	1	2	3
6	5	1	4	2	3	8	9	7
1	7	3	2	6	8	4	5	9
8	4	6	1	5	9	3	7	2
2	9	5	7	3	4	6	1	8
4	1	7	5	8	2	9	3	6
9	6	8	3	7	1	2	4	5
5	3	2	9	4	6	7	8	1

Grid 6

1	5	2	7	4	3	6	9	8
9	3	4	8	5	6	2	7	1
8	6	7	1	9	2	3	5	4
2	4	3	9	6	8	5	1	7
7	8	1	3	2	5	9	4	6
6	9	5	4	1	7	8	2	3
4	7	6	2	8	9	1	3	5
5	1	9	6	3	4	7	8	2
3	2	8	5	7	1	4	6	9

Grid 1

7	5	3	1	2	4	8	6	9
4	6	8	9	3	7	5	1	2
1	2	9	8	5	6	4	3	7
9	1	2	6	8	5	7	4	3
6	3	4	7	9	2	1	8	5
5	8	7	3	4	1	9	2	6
8	9	6	4	7	3	2	5	1
2	7	1	5	6	8	3	9	4
3	4	5	2	1	9	6	7	8

Grid 2

4	5	8	3	6	1	9	2	7
3	2	1	8	7	9	4	5	6
7	6	9	2	4	5	1	3	8
5	8	4	7	9	2	3	6	1
2	7	3	6	1	8	5	9	4
1	9	6	4	5	3	8	7	2
6	3	5	1	2	4	7	8	9
8	1	2	9	3	7	6	4	5
9	4	7	5	8	6	2	1	3

Grid 3

3	9	1	5	4	8	7	6	2
5	6	7	1	3	2	4	8	9
8	2	4	9	7	6	1	5	3
9	4	8	7	6	5	2	3	1
2	5	3	4	8	1	9	7	6
7	1	6	3	2	9	5	4	8
1	3	2	6	5	4	8	9	7
4	7	9	8	1	3	6	2	5
6	8	5	2	9	7	3	1	4

Grid 4

3	4	8	5	7	9	2	6	1
9	2	1	6	8	3	7	4	5
7	5	6	4	2	1	8	9	3
8	9	5	1	3	6	4	2	7
1	3	7	2	9	4	6	5	8
2	6	4	7	5	8	3	1	9
6	7	2	8	1	5	9	3	4
4	1	9	3	6	7	5	8	2
5	8	3	9	4	2	1	7	6

Grid 5

1	5	4	8	3	6	2	9	7
7	2	8	9	4	5	3	1	6
3	6	9	7	1	2	8	4	5
8	3	5	4	2	1	7	6	9
6	9	7	5	8	3	4	2	1
4	1	2	6	9	7	5	3	8
5	7	3	1	6	4	9	8	2
2	8	1	3	7	9	6	5	4
9	4	6	2	5	8	1	7	3

Grid 6

8	2	3	7	1	5	6	4	9
6	9	7	2	3	4	1	5	8
5	1	4	9	6	8	3	7	2
1	8	5	6	2	7	4	9	3
4	3	2	5	9	1	7	8	6
7	6	9	8	4	3	5	2	1
3	7	8	1	5	9	2	6	4
2	5	1	4	8	6	9	3	7
9	4	6	3	7	2	8	1	5

8	4	7	9	1	6	3	5	2
3	6	2	8	5	7	1	4	9
5	9	1	3	2	4	6	7	8
7	3	6	1	9	8	5	2	4
4	5	8	7	3	2	9	1	6
1	2	9	6	4	5	7	8	3
9	7	3	4	8	1	2	6	5
6	8	5	2	7	9	4	3	1
2	1	4	5	6	3	8	9	7

3	6	1	4	7	2	5	9	8
4	9	2	8	6	5	1	7	3
5	7	8	3	9	1	4	6	2
1	4	6	9	3	7	2	8	5
7	3	9	5	2	8	6	1	4
8	2	5	6	1	4	7	3	9
2	5	7	1	8	3	9	4	6
9	8	4	7	5	6	3	2	1
6	1	3	2	4	9	8	5	7

2	1	9	3	6	7	4	5	8
5	8	7	4	1	9	6	3	2
4	6	3	8	5	2	7	9	1
9	3	5	1	8	6	2	7	4
6	4	2	5	7	3	8	1	9
8	7	1	2	9	4	3	6	5
3	2	6	9	4	1	5	8	7
7	9	8	6	2	5	1	4	3
1	5	4	7	3	8	9	2	6

2	4	5	7	3	1	8	9	6
7	1	6	8	9	4	2	3	5
9	3	8	6	2	5	4	7	1
8	2	3	1	6	7	9	5	4
1	5	9	4	8	2	3	6	7
4	6	7	9	5	3	1	2	8
5	7	1	3	4	9	6	8	2
3	8	4	2	7	6	5	1	9
6	9	2	5	1	8	7	4	3

7	2	6	5	8	4	9	1	3
3	5	1	7	9	6	4	2	8
9	8	4	1	2	3	6	5	7
1	4	8	6	5	2	3	7	9
6	7	2	9	3	1	5	8	4
5	3	9	8	4	7	2	6	1
2	1	5	3	7	9	8	4	6
8	6	3	4	1	5	7	9	2
4	9	7	2	6	8	1	3	5

1	8	3	5	2	7	6	9	4
6	7	9	4	1	3	5	8	2
4	5	2	9	6	8	1	3	7
5	6	1	2	4	9	3	7	8
2	3	4	8	7	6	9	1	5
8	9	7	3	5	1	4	2	6
7	4	5	1	9	2	8	6	3
3	1	6	7	8	4	2	5	9
9	2	8	6	3	5	7	4	1

Grid 1

8	1	2	4	9	6	3	7	5
7	4	5	3	2	1	6	8	9
9	3	6	7	5	8	1	4	2
5	9	8	6	1	4	7	2	3
1	2	7	8	3	5	4	9	6
4	6	3	9	7	2	5	1	8
3	8	1	5	4	9	2	6	7
6	7	4	2	8	3	9	5	1
2	5	9	1	6	7	8	3	4

Grid 2

5	7	2	6	8	1	4	3	9
3	9	1	2	4	7	8	6	5
8	4	6	5	9	3	1	2	7
4	6	3	1	7	9	2	5	8
9	5	7	8	2	6	3	1	4
1	2	8	4	3	5	7	9	6
2	3	9	7	5	8	6	4	1
7	1	5	3	6	4	9	8	2
6	8	4	9	1	2	5	7	3

Grid 3

9	3	4	6	2	1	7	5	8
1	7	8	9	5	3	2	4	6
5	2	6	8	4	7	3	9	1
4	1	5	7	3	2	6	8	9
8	6	3	1	9	4	5	2	7
2	9	7	5	6	8	1	3	4
3	8	2	4	1	6	9	7	5
6	4	9	2	7	5	8	1	3
7	5	1	3	8	9	4	6	2

Grid 4

6	2	8	9	7	3	5	4	1
9	5	4	1	6	2	8	7	3
1	3	7	8	5	4	6	9	2
8	1	2	4	9	5	7	3	6
7	9	3	6	1	8	4	2	5
5	4	6	2	3	7	1	8	9
2	7	9	5	4	1	3	6	8
4	6	5	3	8	9	2	1	7
3	8	1	7	2	6	9	5	4

Grid 5

5	7	2	6	4	8	9	3	1
6	4	3	7	1	9	5	8	2
9	8	1	2	3	5	4	6	7
2	5	7	1	8	4	3	9	6
4	9	6	3	7	2	8	1	5
3	1	8	5	9	6	7	2	4
1	2	9	4	5	3	6	7	8
8	6	4	9	2	7	1	5	3
7	3	5	8	6	1	2	4	9

Grid 6

5	2	4	7	8	9	1	3	6
3	6	9	5	1	4	8	2	7
7	8	1	2	3	6	9	5	4
1	4	6	3	5	8	2	7	9
2	5	7	4	9	1	3	6	8
9	3	8	6	2	7	4	1	5
8	9	5	1	6	2	7	4	3
6	7	2	9	4	3	5	8	1
4	1	3	8	7	5	6	9	2

Grid 1

5	1	4	8	3	2	7	6	9
9	6	3	5	7	1	4	8	2
7	8	2	6	4	9	1	5	3
1	9	7	4	8	5	2	3	6
6	2	5	7	1	3	8	9	4
4	3	8	9	2	6	5	1	7
3	4	1	2	6	8	9	7	5
2	5	6	1	9	7	3	4	8
8	7	9	3	5	4	6	2	1

Grid 2

8	7	1	9	6	3	4	5	2
2	3	4	5	1	8	9	7	6
5	9	6	2	4	7	8	1	3
9	1	5	3	7	6	2	4	8
4	2	3	8	9	5	1	6	7
6	8	7	1	2	4	3	9	5
1	6	9	7	8	2	5	3	4
7	5	2	4	3	1	6	8	9
3	4	8	6	5	9	7	2	1

Grid 3

7	9	6	2	3	1	4	5	8
1	2	8	9	4	5	3	7	6
5	3	4	6	8	7	9	1	2
8	1	5	3	2	9	6	4	7
4	7	3	5	1	6	2	8	9
9	6	2	8	7	4	1	3	5
3	8	9	4	5	2	7	6	1
6	4	1	7	9	8	5	2	3
2	5	7	1	6	3	8	9	4

Grid 4

4	7	1	8	3	6	2	9	5
6	5	3	9	4	2	1	8	7
8	2	9	5	1	7	4	3	6
3	6	5	2	9	4	8	7	1
2	1	7	3	5	8	6	4	9
9	8	4	7	6	1	5	2	3
5	4	8	6	7	3	9	1	2
1	3	6	4	2	9	7	5	8
7	9	2	1	8	5	3	6	4

Grid 5

4	6	2	1	3	7	8	9	5
5	9	1	6	4	8	3	2	7
7	3	8	5	9	2	6	1	4
6	5	9	2	7	4	1	3	8
1	4	3	8	5	9	2	7	6
8	2	7	3	1	6	5	4	9
2	7	6	9	8	1	4	5	3
9	1	5	4	6	3	7	8	2
3	8	4	7	2	5	9	6	1

Grid 6

3	4	9	7	5	1	8	6	2
1	6	2	8	3	4	5	9	7
7	8	5	2	6	9	4	3	1
4	5	1	9	2	6	3	7	8
6	3	7	4	8	5	1	2	9
2	9	8	1	7	3	6	4	5
5	1	6	3	9	2	7	8	4
8	2	4	6	1	7	9	5	3
9	7	3	5	4	8	2	1	6

Grid 1

3	2	5	4	6	8	7	1	9
6	7	1	9	5	2	4	8	3
9	4	8	7	1	3	5	6	2
7	5	9	2	8	1	6	3	4
4	8	6	3	9	5	1	2	7
2	1	3	6	4	7	8	9	5
1	9	2	8	7	4	3	5	6
5	6	7	1	3	9	2	4	8
8	3	4	5	2	6	9	7	1

Grid 2

2	6	9	4	7	5	1	3	8
3	5	7	1	8	2	9	6	4
1	4	8	6	9	3	7	5	2
7	3	4	8	1	6	2	9	5
8	2	6	9	5	4	3	1	7
5	9	1	2	3	7	4	8	6
9	8	2	5	4	1	6	7	3
6	1	3	7	2	8	5	4	9
4	7	5	3	6	9	8	2	1

Grid 3

8	6	4	3	2	5	1	9	7
5	2	7	1	9	8	6	3	4
3	1	9	4	6	7	8	5	2
6	7	8	2	5	4	9	1	3
9	3	2	7	1	6	4	8	5
4	5	1	9	8	3	2	7	6
2	9	3	5	4	1	7	6	8
1	8	5	6	7	2	3	4	9
7	4	6	8	3	9	5	2	1

Grid 4

5	9	1	7	2	3	8	4	6
4	7	8	1	5	6	9	3	2
6	2	3	4	9	8	7	1	5
1	8	7	9	4	5	2	6	3
3	5	6	2	8	7	4	9	1
9	4	2	3	6	1	5	8	7
7	1	9	5	3	4	6	2	8
2	6	5	8	1	9	3	7	4
8	3	4	6	7	2	1	5	9

Grid 5

1	4	3	7	8	5	9	6	2
6	8	9	3	2	4	7	1	5
2	5	7	1	9	6	8	4	3
8	1	4	5	3	2	6	9	7
5	7	6	4	1	9	2	3	8
9	3	2	8	6	7	1	5	4
4	9	1	2	5	8	3	7	6
3	2	5	6	7	1	4	8	9
7	6	8	9	4	3	5	2	1

Grid 6

2	5	8	9	6	7	1	3	4
3	7	1	2	4	5	6	8	9
9	6	4	1	3	8	5	7	2
4	9	2	5	8	1	3	6	7
5	3	7	4	2	6	8	9	1
1	8	6	7	9	3	4	2	5
8	1	9	3	7	4	2	5	6
7	4	3	6	5	2	9	1	8
6	2	5	8	1	9	7	4	3

Grid 1

8	6	3	5	1	9	2	7	4
7	2	1	3	4	8	5	9	6
9	5	4	7	2	6	1	8	3
4	7	2	8	6	5	9	3	1
1	3	6	4	9	7	8	5	2
5	8	9	1	3	2	4	6	7
3	1	7	9	5	4	6	2	8
2	9	8	6	7	1	3	4	5
6	4	5	2	8	3	7	1	9

Grid 2

7	3	1	4	9	8	6	2	5
6	2	4	7	5	3	8	1	9
5	8	9	2	1	6	4	3	7
8	1	7	6	2	9	3	5	4
2	5	3	1	4	7	9	6	8
4	9	6	3	8	5	1	7	2
1	4	5	8	3	2	7	9	6
9	7	8	5	6	1	2	4	3
3	6	2	9	7	4	5	8	1

Grid 3

3	1	6	4	2	5	8	9	7
4	7	9	6	8	3	2	1	5
5	2	8	1	7	9	3	6	4
1	9	5	3	4	2	6	7	8
7	6	3	9	5	8	4	2	1
2	8	4	7	6	1	9	5	3
8	5	1	2	9	4	7	3	6
6	3	2	8	1	7	5	4	9
9	4	7	5	3	6	1	8	2

Grid 4

9	4	1	6	5	3	8	7	2
6	5	8	7	2	9	1	4	3
7	3	2	8	4	1	6	9	5
4	6	5	9	8	7	3	2	1
3	1	7	5	6	2	9	8	4
8	2	9	1	3	4	7	5	6
1	8	6	4	9	5	2	3	7
2	7	4	3	1	8	5	6	9
5	9	3	2	7	6	4	1	8

Grid 5

1	6	7	2	3	5	4	9	8
2	8	5	9	4	7	3	6	1
3	4	9	6	8	1	7	2	5
4	3	8	5	7	6	2	1	9
6	5	1	4	2	9	8	3	7
9	7	2	3	1	8	6	5	4
8	2	3	1	9	4	5	7	6
7	1	6	8	5	3	9	4	2
5	9	4	7	6	2	1	8	3

Grid 6

7	3	1	2	6	5	4	9	8
5	2	4	8	9	3	6	7	1
9	6	8	4	1	7	2	3	5
1	9	3	5	8	4	7	2	6
4	8	2	3	7	6	5	1	9
6	5	7	9	2	1	3	8	4
8	1	6	7	4	2	9	5	3
3	7	9	6	5	8	1	4	2
2	4	5	1	3	9	8	6	7

Grid 1

6	1	7	8	9	2	5	3	4
2	8	4	3	5	1	7	6	9
3	5	9	6	4	7	2	8	1
7	6	3	1	2	4	8	9	5
4	9	8	5	3	6	1	2	7
5	2	1	9	7	8	6	4	3
8	3	6	4	1	5	9	7	2
9	7	5	2	6	3	4	1	8
1	4	2	7	8	9	3	5	6

Grid 2

5	1	6	4	2	8	9	7	3
4	8	9	7	1	3	5	6	2
7	3	2	5	9	6	4	8	1
3	2	4	1	6	7	8	9	5
1	9	5	3	8	4	6	2	7
8	6	7	9	5	2	3	1	4
6	7	1	8	3	5	2	4	9
2	4	3	6	7	9	1	5	8
9	5	8	2	4	1	7	3	6

Grid 3

6	9	1	2	5	7	3	8	4
7	4	8	3	6	9	2	1	5
2	3	5	1	4	8	7	9	6
3	6	2	8	7	1	4	5	9
8	5	4	9	3	6	1	7	2
1	7	9	5	2	4	6	3	8
4	8	7	6	9	3	5	2	1
9	2	3	4	1	5	8	6	7
5	1	6	7	8	2	9	4	3

Grid 4

4	8	7	3	2	5	9	6	1
5	2	1	9	7	6	8	3	4
9	3	6	8	4	1	2	7	5
2	4	5	1	9	7	6	8	3
8	7	9	4	6	3	1	5	2
1	6	3	5	8	2	7	4	9
7	5	4	6	1	9	3	2	8
6	9	8	2	3	4	5	1	7
3	1	2	7	5	8	4	9	6

Grid 5

5	6	1	8	4	7	3	2	9
8	2	9	5	3	1	6	7	4
4	3	7	6	9	2	8	5	1
1	5	6	2	8	4	9	3	7
3	7	4	9	6	5	2	1	8
2	9	8	7	1	3	4	6	5
6	4	3	1	5	8	7	9	2
7	8	5	3	2	9	1	4	6
9	1	2	4	7	6	5	8	3

Grid 6

7	9	1	8	5	3	4	2	6
5	3	6	1	4	2	9	8	7
2	4	8	9	7	6	1	3	5
4	8	2	6	3	7	5	9	1
9	5	7	2	1	8	3	6	4
6	1	3	5	9	4	8	7	2
1	7	9	3	2	5	6	4	8
8	2	5	4	6	9	7	1	3
3	6	4	7	8	1	2	5	9

Grid 1

8	1	4	9	3	6	5	7	2
3	7	9	1	2	5	6	4	8
6	5	2	4	7	8	3	9	1
2	6	5	8	9	1	4	3	7
1	3	7	6	4	2	8	5	9
4	9	8	7	5	3	2	1	6
7	8	6	3	1	4	9	2	5
9	2	3	5	8	7	1	6	4
5	4	1	2	6	9	7	8	3

Grid 2

8	2	3	1	4	5	7	9	6
1	9	7	2	3	6	5	4	8
4	5	6	9	8	7	2	1	3
9	3	1	5	2	4	6	8	7
6	4	8	3	7	9	1	2	5
2	7	5	6	1	8	9	3	4
3	8	9	7	5	1	4	6	2
5	1	2	4	6	3	8	7	9
7	6	4	8	9	2	3	5	1

Grid 3

7	9	8	5	4	2	6	1	3
6	3	5	1	9	8	7	4	2
2	1	4	7	6	3	9	5	8
3	8	6	9	5	7	1	2	4
5	2	7	3	1	4	8	6	9
9	4	1	8	2	6	3	7	5
4	5	3	6	7	9	2	8	1
8	6	2	4	3	1	5	9	7
1	7	9	2	8	5	4	3	6

Grid 4

3	4	5	9	7	2	6	8	1
1	9	2	6	5	8	3	7	4
7	8	6	1	4	3	9	2	5
5	3	4	8	9	7	1	6	2
2	7	1	5	6	4	8	3	9
8	6	9	3	2	1	4	5	7
9	5	3	2	1	6	7	4	8
6	1	7	4	8	5	2	9	3
4	2	8	7	3	9	5	1	6

Grid 5

4	9	5	2	8	1	3	6	7
8	2	3	6	7	4	1	9	5
6	7	1	9	5	3	8	2	4
3	4	2	7	9	8	5	1	6
7	6	8	1	2	5	4	3	9
1	5	9	3	4	6	7	8	2
5	1	7	8	6	2	9	4	3
2	3	4	5	1	9	6	7	8
9	8	6	4	3	7	2	5	1

Grid 6

5	1	3	9	6	4	7	8	2
9	2	7	1	8	5	6	3	4
4	8	6	2	7	3	5	1	9
6	9	8	7	2	1	4	5	3
3	4	2	8	5	6	1	9	7
7	5	1	3	4	9	2	6	8
2	3	4	5	1	8	9	7	6
8	7	5	6	9	2	3	4	1
1	6	9	4	3	7	8	2	5

1	7	3	2	8	6	4	5	9
6	8	9	3	4	5	7	2	1
4	5	2	7	1	9	8	3	6
2	1	7	4	5	3	9	6	8
8	4	5	6	9	7	3	1	2
3	9	6	1	2	8	5	7	4
5	6	4	9	3	1	2	8	7
9	3	1	8	7	2	6	4	5
7	2	8	5	6	4	1	9	3

8	2	6	1	3	7	4	5	9
9	3	1	4	5	6	2	7	8
7	5	4	8	2	9	6	1	3
3	8	5	2	4	1	9	6	7
2	4	7	9	6	3	1	8	5
1	6	9	7	8	5	3	2	4
6	1	8	3	7	4	5	9	2
4	9	2	5	1	8	7	3	6
5	7	3	6	9	2	8	4	1

2	4	9	5	8	1	3	7	6
8	6	3	2	7	4	1	5	9
7	1	5	3	6	9	2	4	8
5	9	7	1	2	8	6	3	4
1	8	6	7	4	3	9	2	5
3	2	4	6	9	5	8	1	7
4	5	2	9	3	6	7	8	1
9	7	1	8	5	2	4	6	3
6	3	8	4	1	7	5	9	2

1	5	8	7	4	2	9	3	6
7	4	6	9	8	3	5	1	2
3	9	2	5	6	1	4	8	7
6	7	3	8	1	5	2	4	9
4	2	1	6	3	9	8	7	5
5	8	9	4	2	7	3	6	1
2	3	5	1	7	4	6	9	8
8	1	4	2	9	6	7	5	3
9	6	7	3	5	8	1	2	4

7	9	1	8	5	6	3	2	4
6	8	3	4	7	2	9	1	5
4	2	5	9	1	3	7	6	8
2	3	6	5	9	7	4	8	1
5	4	7	1	2	8	6	3	9
9	1	8	6	3	4	2	5	7
8	6	9	3	4	1	5	7	2
1	5	2	7	6	9	8	4	3
3	7	4	2	8	5	1	9	6

4	5	8	9	3	6	1	2	7
1	9	7	5	4	2	6	8	3
2	6	3	1	8	7	4	9	5
6	4	5	3	2	1	9	7	8
8	3	9	6	7	5	2	1	4
7	1	2	4	9	8	5	3	6
5	8	6	7	1	9	3	4	2
9	2	4	8	5	3	7	6	1
3	7	1	2	6	4	8	5	9

Grid 1

9	6	8	2	4	5	3	1	7
7	2	3	8	6	1	5	4	9
4	1	5	7	9	3	2	8	6
6	7	4	3	1	2	9	5	8
2	8	9	6	5	4	7	3	1
3	5	1	9	8	7	4	6	2
5	4	7	1	2	8	6	9	3
1	3	6	5	7	9	8	2	4
8	9	2	4	3	6	1	7	5

Grid 2

3	5	4	6	8	1	7	2	9
9	8	7	5	4	2	1	6	3
1	2	6	7	9	3	8	4	5
6	3	5	1	2	7	4	9	8
8	9	1	4	3	5	6	7	2
4	7	2	9	6	8	3	5	1
7	1	3	2	5	4	9	8	6
2	6	8	3	7	9	5	1	4
5	4	9	8	1	6	2	3	7

Grid 3

8	7	2	6	1	9	5	3	4
9	6	1	4	3	5	7	8	2
5	4	3	2	8	7	1	6	9
7	9	5	8	2	4	6	1	3
3	8	4	1	7	6	2	9	5
1	2	6	9	5	3	8	4	7
2	3	8	5	9	1	4	7	6
4	5	7	3	6	8	9	2	1
6	1	9	7	4	2	3	5	8

Grid 4

9	7	4	5	3	8	1	2	6
6	1	5	4	9	2	3	8	7
2	8	3	7	6	1	5	9	4
4	6	7	8	1	9	2	5	3
5	3	8	2	4	7	6	1	9
1	2	9	6	5	3	7	4	8
7	9	1	3	2	4	8	6	5
3	5	2	9	8	6	4	7	1
8	4	6	1	7	5	9	3	2

Grid 5

3	7	5	6	4	9	2	8	1
9	1	4	5	8	2	3	7	6
2	8	6	3	7	1	4	5	9
4	2	9	8	3	7	1	6	5
1	5	8	9	6	4	7	2	3
6	3	7	1	2	5	8	9	4
8	4	1	2	5	6	9	3	7
7	6	3	4	9	8	5	1	2
5	9	2	7	1	3	6	4	8

Grid 6

7	6	5	4	1	3	2	8	9
9	1	8	5	2	6	7	3	4
2	3	4	8	9	7	6	1	5
1	2	9	3	6	8	4	5	7
4	5	3	9	7	2	8	6	1
8	7	6	1	4	5	9	2	3
5	8	2	7	3	4	1	9	6
6	4	1	2	5	9	3	7	8
3	9	7	6	8	1	5	4	2

6	7	5	1	9	8	4	2	3
1	3	8	4	2	5	7	6	9
2	9	4	3	7	6	8	5	1
7	8	6	9	4	1	2	3	5
3	4	1	6	5	2	9	8	7
9	5	2	8	3	7	1	4	6
8	6	3	2	1	9	5	7	4
5	2	9	7	6	4	3	1	8
4	1	7	5	8	3	6	9	2

1	7	8	5	2	9	6	3	4
3	6	9	4	8	7	5	1	2
4	2	5	3	1	6	7	8	9
7	5	4	2	6	8	3	9	1
9	3	1	7	4	5	8	2	6
2	8	6	1	9	3	4	5	7
6	9	3	8	7	1	2	4	5
8	1	2	6	5	4	9	7	3
5	4	7	9	3	2	1	6	8

4	8	7	1	3	6	5	2	9
3	1	9	5	7	2	6	4	8
2	6	5	8	4	9	7	3	1
7	4	2	3	9	8	1	5	6
6	5	8	2	1	4	9	7	3
1	9	3	7	6	5	4	8	2
9	7	4	6	2	3	8	1	5
8	2	6	4	5	1	3	9	7
5	3	1	9	8	7	2	6	4

3	7	4	1	6	2	8	9	5
1	2	5	3	9	8	6	4	7
6	8	9	7	5	4	1	3	2
2	3	1	9	7	6	5	8	4
4	9	7	8	3	5	2	6	1
8	5	6	4	2	1	9	7	3
9	6	2	5	4	3	7	1	8
7	4	8	2	1	9	3	5	6
5	1	3	6	8	7	4	2	9

6	1	8	5	7	2	4	9	3
7	5	3	9	4	1	2	6	8
2	4	9	6	3	8	7	1	5
4	8	7	3	1	5	9	2	6
5	6	1	4	2	9	3	8	7
9	3	2	7	8	6	1	5	4
8	7	5	1	9	3	6	4	2
1	2	4	8	6	7	5	3	9
3	9	6	2	5	4	8	7	1

7	8	5	2	6	4	1	3	9
9	2	3	5	8	1	7	6	4
6	1	4	9	3	7	2	5	8
5	6	7	8	2	9	4	1	3
4	9	1	7	5	3	6	8	2
8	3	2	1	4	6	5	9	7
1	4	8	6	9	2	3	7	5
3	7	9	4	1	5	8	2	6
2	5	6	3	7	8	9	4	1

9	2	3	4	5	1	6	8	7
8	7	5	6	2	9	1	3	4
1	6	4	7	3	8	5	2	9
5	9	8	3	7	4	2	6	1
2	4	6	8	1	5	9	7	3
7	3	1	2	9	6	8	4	5
3	1	7	9	8	2	4	5	6
6	8	9	5	4	3	7	1	2
4	5	2	1	6	7	3	9	8

4	8	6	2	3	5	7	1	9
9	2	3	6	1	7	4	5	8
1	7	5	9	4	8	2	6	3
7	9	1	5	8	3	6	4	2
5	6	8	4	2	1	3	9	7
2	3	4	7	9	6	5	8	1
8	4	7	3	6	9	1	2	5
6	5	9	1	7	2	8	3	4
3	1	2	8	5	4	9	7	6

7	2	9	5	8	1	6	3	4
5	4	1	6	9	3	8	7	2
8	3	6	7	4	2	1	9	5
9	8	5	4	1	6	7	2	3
2	6	7	9	3	5	4	1	8
4	1	3	2	7	8	9	5	6
1	5	2	8	6	9	3	4	7
6	9	4	3	5	7	2	8	1
3	7	8	1	2	4	5	6	9

9	5	6	8	1	3	7	2	4
1	8	7	9	4	2	3	6	5
4	2	3	7	6	5	9	8	1
2	7	9	5	8	4	6	1	3
3	6	4	1	2	9	5	7	8
5	1	8	3	7	6	4	9	2
7	4	2	6	5	1	8	3	9
6	3	1	4	9	8	2	5	7
8	9	5	2	3	7	1	4	6

5	3	1	7	8	9	2	4	6
6	2	7	3	5	4	9	1	8
9	8	4	6	1	2	5	3	7
4	9	8	5	7	3	1	6	2
7	6	2	1	9	8	3	5	4
3	1	5	4	2	6	8	7	9
2	7	3	9	6	5	4	8	1
1	5	9	8	4	7	6	2	3
8	4	6	2	3	1	7	9	5

4	9	8	6	7	3	1	5	2
7	1	5	8	4	2	3	6	9
3	2	6	5	9	1	4	8	7
6	3	4	2	5	7	8	9	1
2	7	1	9	3	8	5	4	6
8	5	9	1	6	4	7	2	3
9	6	7	4	1	5	2	3	8
5	8	3	7	2	6	9	1	4
1	4	2	3	8	9	6	7	5

Grid 1

9	4	1	7	2	8	6	5	3
7	5	8	6	4	3	1	2	9
6	2	3	1	9	5	7	8	4
3	7	6	8	5	1	4	9	2
4	8	2	9	6	7	5	3	1
5	1	9	4	3	2	8	6	7
2	3	4	5	7	6	9	1	8
1	9	5	2	8	4	3	7	6
8	6	7	3	1	9	2	4	5

Grid 2

2	3	5	9	1	6	8	4	7
7	1	8	3	4	5	6	2	9
4	9	6	2	7	8	3	1	5
5	2	1	4	6	7	9	8	3
8	4	9	5	3	1	7	6	2
3	6	7	8	9	2	4	5	1
1	8	4	7	2	9	5	3	6
6	7	3	1	5	4	2	9	8
9	5	2	6	8	3	1	7	4

Grid 3

7	4	2	5	8	1	3	9	6
8	5	9	4	3	6	7	1	2
1	3	6	9	2	7	4	8	5
9	1	8	7	5	3	2	6	4
6	2	3	1	9	4	8	5	7
5	7	4	2	6	8	1	3	9
4	8	7	6	1	5	9	2	3
3	9	5	8	7	2	6	4	1
2	6	1	3	4	9	5	7	8

Grid 4

2	3	4	7	5	8	1	9	6
7	6	1	9	2	3	4	5	8
9	8	5	1	4	6	7	2	3
1	9	7	6	8	5	3	4	2
6	4	8	2	3	7	9	1	5
5	2	3	4	9	1	8	6	7
8	7	9	5	6	4	2	3	1
3	5	2	8	1	9	6	7	4
4	1	6	3	7	2	5	8	9

Grid 5

5	3	1	9	7	4	8	2	6
6	2	4	1	3	8	5	9	7
8	9	7	6	2	5	4	3	1
2	6	9	4	8	3	7	1	5
3	4	5	7	6	1	9	8	2
7	1	8	5	9	2	3	6	4
1	5	6	8	4	9	2	7	3
9	7	3	2	5	6	1	4	8
4	8	2	3	1	7	6	5	9

Grid 6

8	2	3	5	4	7	1	6	9
1	6	7	8	9	3	5	4	2
4	5	9	6	2	1	8	7	3
6	3	2	9	8	5	4	1	7
9	4	1	7	3	6	2	8	5
5	7	8	4	1	2	9	3	6
3	1	5	2	7	4	6	9	8
7	9	6	1	5	8	3	2	4
2	8	4	3	6	9	7	5	1

2	5	6	8	3	9	7	4	1
8	7	1	5	4	6	9	3	2
4	3	9	7	1	2	5	6	8
5	2	4	3	6	8	1	7	9
6	9	7	1	2	4	8	5	3
1	8	3	9	7	5	6	2	4
9	6	8	4	5	3	2	1	7
3	1	2	6	8	7	4	9	5
7	4	5	2	9	1	3	8	6

9	8	5	6	7	3	1	4	2
2	3	1	5	4	9	6	7	8
6	4	7	1	2	8	5	9	3
1	2	4	3	6	7	9	8	5
3	5	9	4	8	1	2	6	7
7	6	8	2	9	5	4	3	1
4	1	6	7	3	2	8	5	9
8	7	2	9	5	6	3	1	4
5	9	3	8	1	4	7	2	6

6	5	7	8	9	4	3	2	1
4	8	1	3	5	2	9	6	7
2	3	9	1	6	7	4	5	8
8	9	4	2	1	3	5	7	6
3	1	6	9	7	5	2	8	4
5	7	2	4	8	6	1	9	3
9	4	5	7	3	8	6	1	2
1	2	8	6	4	9	7	3	5
7	6	3	5	2	1	8	4	9

3	6	9	5	7	1	8	2	4
7	8	1	2	4	3	5	9	6
5	4	2	8	9	6	1	7	3
9	5	6	7	8	2	4	3	1
1	3	8	4	6	9	2	5	7
4	2	7	3	1	5	9	6	8
8	7	5	9	3	4	6	1	2
6	9	4	1	2	7	3	8	5
2	1	3	6	5	8	7	4	9

7	4	5	6	9	2	3	8	1
6	3	9	1	7	8	2	5	4
2	8	1	5	4	3	9	7	6
5	9	4	2	1	7	8	6	3
8	2	3	9	5	6	4	1	7
1	6	7	8	3	4	5	2	9
4	5	2	3	6	1	7	9	8
9	7	6	4	8	5	1	3	2
3	1	8	7	2	9	6	4	5

7	8	5	3	9	4	1	2	6
3	2	1	6	7	8	5	9	4
6	4	9	2	5	1	7	8	3
8	9	3	7	4	5	2	6	1
5	7	2	1	6	9	3	4	8
1	6	4	8	2	3	9	5	7
4	3	7	5	8	2	6	1	9
2	1	8	9	3	6	4	7	5
9	5	6	4	1	7	8	3	2

4	5	8	6	1	7	3	9	2
3	1	2	9	8	5	6	4	7
9	6	7	4	3	2	8	1	5
8	4	3	7	2	1	9	5	6
5	2	9	8	6	3	4	7	1
1	7	6	5	9	4	2	8	3
7	3	1	2	4	8	5	6	9
2	9	4	1	5	6	7	3	8
6	8	5	3	7	9	1	2	4

2	6	8	7	4	3	5	9	1
1	5	4	8	2	9	6	7	3
3	9	7	5	1	6	2	8	4
4	1	9	6	5	2	8	3	7
8	2	5	3	7	1	9	4	6
7	3	6	9	8	4	1	2	5
9	4	1	2	6	7	3	5	8
6	8	3	4	9	5	7	1	2
5	7	2	1	3	8	4	6	9

5	7	1	2	8	4	6	3	9
3	4	8	6	9	5	2	7	1
9	2	6	7	3	1	5	8	4
4	6	5	1	2	8	3	9	7
7	8	3	4	6	9	1	5	2
2	1	9	5	7	3	4	6	8
1	3	7	8	5	2	9	4	6
6	9	2	3	4	7	8	1	5
8	5	4	9	1	6	7	2	3

1	6	9	2	8	7	3	5	4
3	4	2	1	6	5	7	9	8
5	7	8	9	4	3	2	6	1
7	1	4	6	2	9	5	8	3
2	9	5	7	3	8	1	4	6
8	3	6	5	1	4	9	7	2
4	2	7	3	5	6	8	1	9
9	8	3	4	7	1	6	2	5
6	5	1	8	9	2	4	3	7

3	2	9	6	5	8	1	4	7
1	8	6	3	4	7	5	9	2
4	7	5	1	9	2	6	8	3
5	4	8	7	2	6	9	3	1
7	9	3	8	1	5	2	6	4
2	6	1	4	3	9	8	7	5
9	1	7	2	6	4	3	5	8
8	5	2	9	7	3	4	1	6
6	3	4	5	8	1	7	2	9

6	4	1	5	3	2	9	7	8
9	5	7	1	6	8	3	2	4
8	3	2	7	9	4	5	1	6
2	8	6	4	5	7	1	9	3
3	1	4	6	2	9	8	5	7
5	7	9	8	1	3	6	4	2
4	2	5	9	8	6	7	3	1
1	6	3	2	7	5	4	8	9
7	9	8	3	4	1	2	6	5